AF602725

OBSERVATIONS

SUR LES MŒURS DE PLUSIEURS ESPÈCES

DE

COLÉOPTÈRES

QUI VIVENT SUR DES PLANTES AQUATIQUES

ET QUI N'AVAIENT ÉTÉ TROUVÉES QUE TRÈS-RAREMENT

DANS LE DÉPARTEMENT DE LA MOSELLE

Par Ad. BELLEVOYE

DONS DIVERS

Faits au Cabinet d'Histoire Naturelle de Metz

ET DESCRIPTION DES

ESPÈCES NOUVELLES QU'ILS CONTIENNENT

Extrait du XIIe *Bulletin de la Société d'histoire naturelle du département de la Moselle*

METZ

IMPRIMERIE DE JULES VERRONNAIS, RUE DES JARDINS, 14

1870

OBSERVATIONS

SUR LES MŒURS

DE

PLUSIEURS ESPÈCES DE COLÉOPTÈRES

Qui vivent sur des Plantes aquatiques

ET QUI N'AVAIENT ÉTÉ TROUVÉES QUE TRÈS-RAREMENT

DANS LE DÉPARTEMENT DE LA MOSELLE

Juillet 1868.

Le genre *Hæmonia*, dont une espèce l'Equiseti Fabr., se trouve assez communément à Strasbourg, dans l'Ill, sur les Potamogeton, n'est indiqué dans la *Faune de Lorraine* que trouvé à Frouard par M. Roubalet, et à Verdun par M. Liénard ; encore n'y figure-t-il qu'avec l'annotation : *très-rare*. Il ne figure pas dans le catalogue des Coléoptères de la Moselle publié dans les Mémoires de notre Société en 1846, par M. Géhin.

C'est un insecte de ce genre que j'ai rencontré en assez grand nombre dans la Moselle et auquel, pour ce motif, j'ai donné le nom de *Mosellæ*.

Le genre Hæmonia se divise en deux sections :

La première comprend les espèces dont le deuxième

article des tarses est notablement plus long que le premier et contient les espèces suivantes :

H. Equiseti Fabr. se trouve en Allemagne et à Strasbourg dans le Rhin, sur les Potamogeton Lucens.

— *Curtusi* Lacord., est commune à Dantzig sur le Potamogeton Marinus.

— *Chevrolati* Lacord., une seule ♀ trouvée à Tours, dans la Loire.

La deuxième comprend les espèces dont les premiers et deuxièmes articles des tarses sont presqu'égaux et contient les espèces suivantes :

H. Zosteræ Fabr., trouvée en Angleterre sur le Potamogeton pectinatus, plante qui croit abondamment dans les mares qui avoisinent la mer.

— *Gyllenhali* Lacord., trouvée sur les côtes de Suède et d'Allemagne.

— *Sahlbergi* Lacord., trouvée sur les côtes de Finlande.

La *Mosellæ*, dont suit la description, rentre dans la deuxième division ; mais ne possédant aucune des espèces que renferme cette division, je comparerai avec l'Equiseti.

Longueur : ♂, 5^{mm} à 6^{mm} ; ♀, 7^{mm} à $8^{mm}\,^1/_2$.

Largeur : ♂, 2^{mm} à $2^{mm}\,^1/_2$; ♀, $2^{mm}\,^1/_3$ à $2^{mm}\,^3/_4$.

Formes de l'Equiseti, mais couleur générale jaune très-pâle, tandis que l'Equiseti est d'une couleur ocreuse très-prononcée [1].

Tête noire, recouverte d'un duvet soyeux et doré ;

[1] Je n'ai pas vu d'Hæmonia Equiseti vivante et ne puis savoir si cette couleur ocreuse existe déjà lorsque cet insecte est en vie. J'ai constaté que les Hæmonia Mosellæ prises depuis deux années avaient déjà pris une teinte légèrement ocreuse.

antennes noires, recouvertes en partie de ce même duvet. Premier article, gros et globuleux, presque égal au deuxième et au troisième réunis ; ces deux derniers globuleux et égaux entre eux. Quatrième article, un peu plus court que le cinquième, égal au deuxième et au troisième réunis, ce quatrième article est un peu plus globuleux que dans l'Equiseti, les suivants allongés et cylindriques, le dernier terminé en pointe obtuse.

Prothorax un peu plus long que large, chargé aux angles intérieurs d'un tubercule plus ou moins proéminent, jaune pâle et orné de deux facies noires et obliques généralement bien marquées, cependant elles n'existent pas chez quelques rares individus qui forment une variété qu'on pourrait désigner sous le nom de *Flavicollis*.

Ecusson petit en triangle allongé, noir.

Elytres jaune pâle, à stries ponctuées noires comme dans l'Equiseti.

Dessous du corps noir recouvert du même duvet que la tête. Lorsque ce duvet a disparu soit par le frottement, ou lorsque l'animal est resté longtemps dans l'eau après sa mort, les bords des segments de l'abdomen apparaissent jaune pâle.

Premier segment de l'abdomen creusé profondément d'une large fossette ovale chez le ♂.

Jambes, également jaune pâle, extrémité de chaque article des tarses, noire.

Tibias postérieurs très-arqués dans les femelles tandis qu'ils sont droits extérieurement dans l'Equiseti.

Les mâles ont les tibias plus petits et bien moins arqués que les femelles.

Les mœurs des Hæmonia sont connues depuis longtemps, mais d'une façon incomplète. Comme elles n'avaient pas encore été observées à Metz et que d'ailleurs elles sont très-singulières, je vais vous faire connaître les observations que j'ai faites depuis que j'ai recueilli cet insecte.

La larve diffère peu de celle des Donacia [1] ; d'après l'étude que nous en fîmes avec mon ami et collègue M. Leprieur, voici ses principaux caractères :

Sa longueur atteint 10 millim., sa largeur 3 millim.

Elle est d'un blanc mat ; la tête est petite, à peine le tiers de la largeur du premier segment thoracique, d'une couleur roussâtre et marquée de 4 fossettes disposées en losange.

Antennes composées de quatre articles, le quatrième accompagné d'un petit article supplémentaire un peu moins long et surmonté d'un poil sétiforme.

En arrière des antennes cinq petits points brunâtres disposés en deux séries transversales et qui sont probablement des ocelles.

Corps convexe en dessus, composé de onze segments couverts de petites soies spinuliformes ; le dernier segment, plus petit que tous les autres, est muni à sa partie supérieure de deux disques ferrugineux desquels semblent partir deux crochets assez forts et assez longs, qui servent

[1] Le savant auteur du *Genera des Coléoptères*, M. Lacordaire, a décrit la larve de l'H. Gyllenhali (*Entomolog. Zeit zu*, Stettin 1851) ; cette larve manque d'yeux et de palpes labiaux, les antennes ne sont composées que de deux articles ; elles possèdent neuf paires de stigmates Tous ces caractères la feraient différer beaucoup des larves de Donacia ; mais il est probable que M. Lacordaire a été induit en erreur et que la larve qui lui avait été envoyée pour une larve d'Hæmonia appartient à un autre genre d'insecte.

sans doute à la larve pour se maintenir aux tiges des plantes sur lesquelles elle vit lorsque les eaux sont agitées[1].

Les trois segments thoraciques portent chacun une paire de pattes très-courtes d'un roux clair, armées d'un ongle brun très-robuste ; elles sont hérissées de soies plus fortes que celles du corps. Les stigmates, au nombre de huit de chaque côté sont placées, la première paire sur le deuxième anneau thoracique vers le quart antérieur, les suivants occupent la même position sur chacun des sept premiers anneaux de l'abdomen.

Les larves vivent sur la tige et les racines des Myriophyllum spicatum Linné et des Potamogeton Pectinatus Linné et Lucens Linné, sur lesquelles on reconnaît les marques de leur passage par de nombreux trous irréguguliers quelquefois assez profonds pour contenir la larve en partie. Avant de se transformer en nymphes, elles s'enferment dans des coques oblongues imperméables qu'elles collent aux racines et à la partie de la tige qui est enfoncée dans la vase ; lorsque la coque est détachée de la tige ou de la racine qui la supportait, on y remarque un canal longitudinal qui n'est que l'empreinte de cette tige ou de cette racine, et qui par conséquent varie de largeur, les tiges des Myriophyllum étant toujours beaucoup moins fortes que les tiges des Potamogeton, et les racines moins grosses aussi que la tige de ces plantes. J'ai trouvé quelquefois douze de ces coques après la même

[1] Ainsi que le suppose M. Perris pour la larve de la Donacia sagittaria, dont ce savant a publié l'histoire (*Société Entom. de France, 1848*). Dans une chasse faite le 11 octobre, M. Leprieur a été à même de vérifier de *visu* cette opinion.

tige, mais le plus souvent il n'y en a que deux ou trois, quelquefois une seule. C'est surtout sur les bords de la rivière, dans les endroits vaseux où le courant ne se fait pas sentir qu'il faut chercher ces insectes, la chaleur que donne le soleil à ces parties de la rivière est sans doute aussi plus favorable à leur éclosion.

Dès le commencement de juin, je trouvais déjà une coque renfermant une nymphe en train de se transformer en insecte parfait; en juillet, quoique les larves soient très nombreuses à l'état libre, on en trouve beaucoup renfermées dans leurs coques, soit encore à l'état de larves, soit à l'état de nymphes; d'autres sont déjà complétement transformées et on reconnaît très-bien les formes de l'insecte, et même les lignes longitudinales des élytres en regardant les coques en transparence; il y a des coques qui sont d'une couleur très-claire, le plus grand nombre est de couleur brune; quelques-unes, celles surtout qui sont enfoncées dans un fond très-vaseux, sont tellement opaques qu'il est impossible de rien distinguer à travers. Lorsque la larve s'est enfermée dans sa coque, elle met un temps assez long pour opérer sa transformation en nymphe, il en est de même pour la transformation de la nymphe en insecte parfait. Dans ces deux états, si la coque vient à être brisée ou seulement fendue, et que l'eau puisse y pénétrer, l'insecte périt inévitablement. Ces deux changements demandent au moins un mois, mais l'Hæmonia nouvellement éclose reste enfermée dans sa coque longtemps encore, pour que ses téguments prennent la consistance nécessaire pour la vie évolutive. J'ai trouvé des Hæmonia bien écloses, et encore enfermées dans leurs coques, rester chez moi une vingtaine de jours avant de briser la porte de leur prison. L'insecte, une fois sorti, se promène sur les tiges des plantes déjà nommées, qui sont complétement immergées et sur lesquelles sa larve a vécu ; il se tient fortement attaché à ces tiges à l'aide de ses longues pattes dont les tarses sont armés de crochets allongés très-aigus ; il n'est pas rare de l'y trouver accouplé vers la fin de juillet et pendant tous le mois d'août. Malgré toutes les éclosions qui ont eu lieu, on trouve encore une aussi grande quantité de larves libres, de tailles diverses, ainsi qu'au mois de juin.

En septembre et en octobre, j'ai fait encore de nouvelles chasses et j'ai trouvé des Hæmonia vivantes en grand nombre encore enfermées dans leurs coques ; quelques nymphes et quelques larves s'y trouvaient aussi ; les larves à l'état libre se rencontraient en plus petit nombre qu'aux mois de juin et juillet, et la plus grande partie étaient très-jeunes. Il est probable que ces jeunes larves ainsi que les nymphes et quelques insectes parfaits passent l'hiver dans la vase à la racine des Potamogeton dans un état léthargique et que la ponte a lieu au fur et à mesure de l'éclosion des insectes pendant les mois de juin, juillet et août. Dans les débris rejetés par une inondation du mois de novembre, j'ai retrouvé plusieurs coques renfermant des larves d'Hæmonia encore bien en vie et une nymphe.

Dans les flacons remplis d'eau où j'ai conservé des Hæmonia vivantes, j'ai pu les observer à l'aise et les voir toujours immergées, accrochées après une tige de Potamogeton, y rester plusieurs heures presqu'immobiles à l'exception des antennes qui s'agitaient légèrement par moments ; lorsqu'elles marchent sur ces plantes, leur démarche est généralement assez lente, mais lorsqu'elles ont perdu leur appui, elle est beaucoup plus vive et elles se dirigent aisément soit au fond de l'eau, soit vers la surface. La pubescence soyeuse qui recouvre leur corps les empêche d'être mouillées, et l'air qui est enfermé sous leurs élytres, où se trouvent repliées des ailes diaphanes plus longues que ces élytres, les aide sans doute dans leurs évolutions ; mais elles ne semblent pas éprouver le besoin de renouveler cet air comme cela a lieu chez les Dytiscus et les Hydrophilus. Je n'ai pu réussir à les voir se servir de leurs ailes hors de l'eau, quoique pendant les mois de juin, juillet, août, septembre, octobre, novembre, décembre et même janvier, j'en ai toujours eu un certain nombre vivantes dans des flacons à ma portée ; cependant il serait possible que comme beaucoup d'autres insectes, les Hæmonia fussent nocturnes, qu'elles volent le soir et se posent soit sur les feuilles des Potamogeton qui se trouvent à la surface de l'eau, soit sur la fleur ou les fruits de ces plantes qui se dressent verticalement au-dessus de l'eau ; mais ceci est une simple hypothèse, car des Hæmonia vivantes enfermées dans un vase complétement sec, s'y sont accouplées et y ont vécu une quinzaine de jours sans paraître souffrir du manque d'humidité, mais toutefois sans écarter leurs élytres ni étendre leurs ailes.

Lors de l'accouplement, le mâle qui est toujours plus petit que la femelle, monte sur le dos de celle-ci et la tient enlacée avec ses quatre pattes antérieures, les postérieures restant étendues ; la femelle se promène sur les tiges des

Potamogeton en transportant le mâle avec elle, ou bien elle y reste accrochée dans une longue immobilité, le mâle toujours sur son dos ; les antennes de l'un et de l'autre s'agitent seules de temps à autre. Après être restés ainsi livrés à leurs amours jusqu'à dix ou douze jours, le mâle se sépare de la femelle et ils ne tardent pas à mourir tous deux, mais presque toujours le mâle le premier ; cependant les Hæmonia que j'ai récoltées au mois d'octobre ont des allures bien plus lentes et vivent plus longtemps que celles récoltées pendant les chaleurs de l'été, puisque j'en ai conservé jusqu'au mois de janvier, et il est probable que celles que je conserve cette année dans leurs coques, passeront l'hiver chez moi et n'en sortiront qu'au printemps prochain [1].

Je n'ai pu observer la ponte et n'ai point rencontré d'œufs sur les tiges des Potamogeton que j'avais mises dans mes flacons ; il est vrai que ces plantes ne végétant plus se décomposaient assez vite et se trouvaient dans de mauvaises conditions pour recevoir la progéniture de mes pensionnaires. Sur les tiges de ces plantes que je cueillais dans la Moselle, j'ai rencontré assez souvent de petits amas d'œufs, mais je ne puis affirmer qu'ils appartenaient à des Hæmonia.

J'aurais désiré m'assurer si les petits cours d'eaux de nos environs ne nourrissaient pas d'Hæmonia, et dans ce

[1] En octobre 1869 j'ai recueilli de nouveau un assez grand nombre de coques renfermant des Hæmonia bien écloses que j'ai conservées chez moi dans des bocaux remplis d'eau, et en ce moment, que nous allons entrer dans le mois de mars, quelques Hæmonia seulement sont sorties de leurs coques naturellement ; les autres quoique bien en vie, attendent encore pour opérer leur sortie.

but j'ai visité le ruisseau de Saint-Julien où je n'ai rencontré que quelques pieds du Potamogeton Crispus Linné dans de mauvaises conditions. Dans la vallée de Mance croît le Potamogeton Densus Linné, mais faute de temps je n'ai pu en visiter assez pour affirmer que l'Hæmonia ne s'y rencontre pas ; je signalerai seulement l'Hydroporus Sanmarkii Sahlb, que notre collègue, M. Leprieur, y avait déjà récolté en 1846 et qui a continué à s'y reproduire.

Dans la Nied on trouve aussi diverses espèces de Potamogeton, le Crispus y est abondant ainsi que les Myriophyllum, mais cette rivière étant à sec pendant les sécheresses de l'été se trouve sans doute dans de mauvaises conditions, car je n'y ai pas rencontré d'Hæmonia ni de larves. Je n'ai rien rencontré sur les Ceratophyllum Demersum et Ranunculus aquaticus, quoique ces plantes soient fort communes dans la Moselle et se trouvent mêlées aux Potamogeton.

Si des recherches plus nombreuses et plus suivies se faisaient dans les principaux cours d'eau de la France, et aussi dans les marais salés avoisinant l'Océan et la Méditerranée, la plupart des espèces décrites se rencontreraient en France et probablement on en découvrirait de nouvelles. En publiant la notice qui précède, j'espère que ceux de mes collègues en entomologie qui n'ont jamais fait la chasse aux Hæmonia, probablement parce qu'ils ne connaissaient pas les conditions dans lesquelles il fallait la faire, pourront s'y livrer avec certitude d'obtenir un résultat favorable. Cette chasse est d'ailleurs d'une extrême simplicité, puisqu'il suffit d'arracher les Potamogeton et Myriophyllum avec la racine pour y trouver les coques qui renferment les Hæmonia, surtout de juillet à octobre, époque où les rivières ont le moins de profondeur et où la température de l'eau permet les bains qui sont un des agréments de cette saison.

Plusieurs espèces d'Hæmonia n'ayant été décrites que sur un seul individu et les autres espèces se rencontrant rarement dans les collections, à l'exception de l'Equiseti, il semblerait que ces espèces soient rares ; mais si on en juge par la quantité que j'ai prise dans la Moselle, il est difficile d'admettre qu'il n'en soit pas de même pour les autres espèces ; je croirais plutôt que c'est parce qu'au lieu de ramasser les coques qu'on peut très-bien laisser éclore chez soi naturellement dans un vase rempli d'eau, les entomologistes ont recherché les Hæmonia après les tiges flottantes des Potamogeton où il est assez difficile de les apercevoir. En ramassant les coques la chasse est bien plus certaine et beaucoup plus productive.

Grâce à l'obligeance de notre cher secrétaire, j'ai pu visiter, à Longeville, une propriété de M. Limbourg, située entre les bords de la Moselle et des eaux mortes qui en font une presqu'île que visitent seulement quelques pêcheurs privilégiés.

Dans cette charmante retraite, aux frais ombrages, existent plusieurs pièces d'eau et des mares aux bords desquelles croissent pêle-mêle de nombreuses plantes aquatiques qui nourrissent bien des espèces intéressantes.

Je veux vous parler aujourd'hui de quelques-unes

d'elles, et tout d'abord de deux espèces du genre Donacia, dont les mœurs sont presque semblables à celles des Hæmonia. A la surface d'une de ces pièces d'eau, s'étalent les larges feuilles des Nénuphars (Nymphea Lutea Linné) sur lesquelles se pose la belle Donacia Crassipes F., dont le vol prompt et soutenu lorsqu'il fait du soleil, rend cette espèce difficile à capturer ; mais si on immerge brusquement une feuille sur laquelle un de ces insectes se trouve posé, il devient facile de s'en saisir, car une fois sous l'eau il ne peut plus se servir de ses ailes et il se contente de parcourir la feuille en dessus comme en dessous. En arrachant des tubercules de Nénuphar, nous avons rencontré après son chevelu quelques coques vides construites par les larves des Donacia Crassipes, qui vivent immergées, aux dépens des Nénuphars, comme les larves d'Hæmonia aux dépens des Potamogeton, et qui comme elles se construisent une coque oblongue et imperméable pour y accomplir leurs métamorphoses. Dans une autre pièce d'eau, sur les Potamogeton Natans Linné, dont les larges feuilles un peu lancéolées s'étalent à la surface à la manière des feuilles de Nénuphar, se trouvait en abondance la Donacia Bidens Oliv., dont nous trouvâmes également des coques enterrées dans la vase et collées à la racine de cette espèce de Potamogeton. L'insecte vole bien aussi au grand soleil ; mais lorsque le temps est couvert et qu'on veut le saisir, il passe sous la feuille où il est facile de le capturer. Depuis j'ai repris cette espèce à la Basse-Montigny sur le même Potamogeton Natans qui croit abondamment dans le bras mort de la Moselle ; la Donacia est évidemment sur une plante qui est son domaine, et je doute que l'Hæmonia s'y rencontre simultanément. Mais au milieu de la pièce d'eau se dressent plusieurs grandes plantes en ombelles, l'OEnanthe Phellandrium ou ciguë aquatique; la tige de cette belle plante est divisée en plusieurs compartiments dont les inférieurs sont creux et les supérieurs remplis d'un tissu mœlleux. Quoique rien au dehors ne trahit la présence d'insectes, en ouvrant cette tige nous rencontrâmes réunies dans la partie creuse un certain nombre de petites larves noires en train de se nourrir aux dépens des parois intérieures de la plante, puis çà et là des nymphes noires aussi, mais immobiles en attendant le moment d'accomplir leur dernière métamorphose; et enfin de jolis petits insectes allongés, verts, avec quatre bandes longitudinales jaunes sur les élytres; quelques-uns n'avaient encore que le thorax et la tête colorés en vert, les élytres étaient complétement blanches et molles; ce sont elles en effet qui se développent en dernier lorsque le corps commence à avoir pris une certaine consistance. Ce coléoptère est le Prasocuris Phellandri Linné.

En continuant à explorer cette plante nous avons trouvé dans la partie supérieure de la tige une grande larve allongée ayant creusé la mœlle dont cette partie est remplie. De quel insecte cette larve qui paraît avoir obtenu tout son développement, est-elle le premier état? Nous l'apprîmes en examinant d'autres OEnanthe Phellandrium; en effet sur un autre pied nous trouvâmes une autre larve et à côté une nymphe blanche aussi qui nous montra clairement que nous avions affaire à un insecte de la famille des Curculionides. Huit jours plus tard, en répétant la même opération sur un certain nombre d'OEnanthe, je rencontrai enfin trois insectes parfaits ; c'est le rare et beau Lixus paraplecticus, que le hasard m'avait fait rencontrer une fois seulement, et dont maintenant nous connaissons la véritable demeure ainsi que l'époque de l'éclosion qui a lieu vers le commencement de juillet.

EXPLICATION DE LA PLANCHE.

1. Larve de l'Hæmonia Mosellæ vue de profil.
2. Tête grossie.
3. Mandibule.
4. Antenne.
5. Patte.
6. Abdomen vu postérieurement.
7. Nymphe renfermée dans sa coque.
8. Hæmonia Mosellæ ♀.
9. Patte postérieure de l'H. Equiseti ♀.
10. Idem de l'H. Mosellæ ♀.
11. Premiers articles des antennes de l'H. Equiseti.
12. Idem de l'H. Mosellæ.
13. Abdomen montrant la fossette de ♂.
14. Tige de Potamogeton Lucens à laquelle sont fixées des coques d'Hæmonia, ainsi qu'une larve fixée par ses crochets postérieurs au moment des hautes eaux.
15. Coque détachée d'une tige de Potamogeton faisant voir le canal qui n'est que l'empreinte de la tige de cette plante.
16. Coque détachée d'une tige de Myriophyllum.

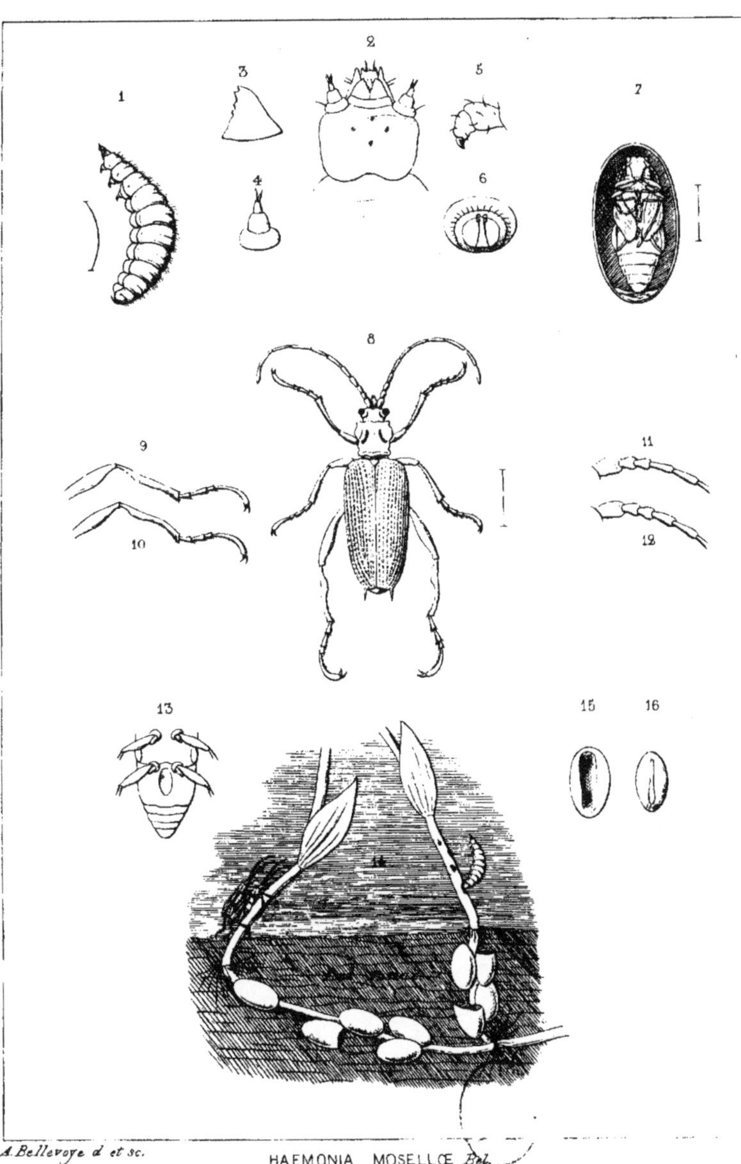

A. Bellevoye d. et sc.

HAEMONIA MOSELLŒ Bel.

DONS DIVERS

FAITS AU

CABINET D'HISTOIRE NATURELLE DE METZ

ET

DESCRIPTION DES ESPÈCES NOUVELLES

QU'ILS CONTIENNENT.

Depuis quelques années, plusieurs de nos compatriotes ont fait don à la ville de Metz de divers objets d'histoire naturelle qu'ils ont rapportés de leurs voyages et qui enrichissent notre Cabinet d'échantillons intéressants.

Je crois devoir signaler à votre Société les faits curieux que j'y ai rencontrés et vous prier de les insérer dans votre bulletin comme marque de gratitude envers les donateurs. Si tous les messins qui voyagent, soit pour leurs fonctions, soit pour leur agrément, rapportaient ainsi les choses intéressantes qu'ils peuvent rencontrer et s'ils en faisaient hommage à leur ville natale, la science ne pourrait qu'y gagner et notre Musée rivaliserait bientôt avec ceux de Strasbourg et Nancy, nos voisines, qui à cause de leurs Facultés de sciences, possédent des musées plus riches que le nôtre.

Ad. Bellevoye.

1° Mme veuve Holandre a fait don d'une collection de Lépidoptères formée par son mari et qui lui a servie à dresser le catalogue des Lépidoptères de la Moselle ; cette collection est précieuse, tant à cause du souvenir de l'homme de bien qu'elle nous rappelle, que pour la valeur d'une collection qui est le point de départ de tout lépidoptériste dans notre département.

2° M. le commandant Vignotti a fait don de quelques oiseaux, reptiles, minéraux, etc., qu'il a rapportés du Mexique ; je ne vous parlerai que de la partie entomologique, puisque c'est la seule dont je m'occupe.

L'examen des nymphes recouvertes d'excroissances et enfermées dans des morceaux de terre argileuse, rapportés du Mexique par M. Vignotti, m'a fait reconnaître qu'elles appartiennent à une espèce de *Cigale* (ordre des Hémiptères), qu'il est impossible de désigner, n'ayant pas l'insecte parfait. On sait que les larves des cigales vivent aux dépens de divers végétaux ; lorsqu'elles sont arrivées à leur grosseur normale vers la fin de l'été, elles s'enfoncent en terre à une profondeur de $0^m,60$ à 1 mètre et s'y transforment en nymphes. Pour qu'elles puissent s'enfoncer à cette profondeur, la Providence les a armées de deux pattes antérieures d'une grande puissance pour fouir la terre. Au printemps suivant, la nymphe se métamorphose en insecte parfait ; pour cela la peau de la nymphe se fend sur le dos et il en sort un insecte ailé qui vole très-bien et qui vit sur les arbres et les arbrisseaux.

Le mâle possède dans le ventre un appareil pour le chant qui a rendu cet insecte populaire.

On conçoit que si pendant tout le temps que les nymphes sont enfoncées en terre, de grandes pluies surviennent et emmènent la terre qui les recouvre, elles se trouvent exposées au froid ou à une grande humidité qui en fait périr un grand nombre ; il se développe alors de leurs tissus graisseux, des champignons parasites qui appartiennent probablement au genre *Isaria*.

Peut-être aussi ces champignons naissent-ils avant la mort de la nymphe, lorsqu'elle est déjà malade par une cause quelconque, comme cela a lieu pour les vers à soie atteints de la muscardine, cette maladie n'est autre que le développement dans les tissus graisseux des vers à soie, d'un champignon auquel on a donné le nom de *Botrytis Bassiana*. Nous possédons au cabinet de Metz, une chenille de l'*Hepialus virescens* de la Nouvelle-Zélande, sur la tête de laquelle on voit un champignon parasite du genre *Spheria*.

M. Eugène Simon nous a donné un petit paquet de vers à soie bien ficelé, venant de la Chine, où cela se vend comme topique. Sur la tête de chaque ver ou chenille a crû un champignon du genre *Spheria* qui a fait nommer cette chenille *Tchong-tsao,* dont la traduction est *insecte-plante*.

En dégageant les nymphes de cigales, j'ai rencontré

six petits cloportes que je ne puis rapporter qu'au genre Trichoniscus de Brandt, dont les articles des antennes sont au nombre de six ; peut-être est-ce un genre nouveau, dans tous les cas, l'espèce n'est pas décrite dans les *Suites à Buffon* de M. Milne Edwards.

J'ai aussi examiné l'araignée velue qui se rapporte au genre *Mygale*, renfermant les plus grosses espèces d'araignées connues ; elles vivent généralement dans des creux d'arbres, où elles filent leur toile ; des voyageurs prétendent qu'elles dévorent les petites espèces d'oiseaux du Nouveau-Monde, telles que les oiseaux mouches, qu'elles vont surpendre dans leurs nids sur les arbres.

L'espèce rapportée du Mexique, se trouve dans la division des Aviculaires, dont nous possédons un représentant au Cabinet d'histoire naturelle de Metz, mais cette espèce est probablement nouvelle et je proposerai de lui donner le nom de *Mexicana*.

Elle est de la même division que l'*Avicularia* (Degeer), puisque la première paire de pattes est plus courte que la quatrième, mais elle en diffère par les pattes beaucoup plus courtes et plus épaisses ; par le corselet plus large en avant et surtout par la gibbosité qui porte les yeux, qui est plus étroite presque de moitié et beaucoup plus convexe, elle diffère surtout de l'autre par la disposition des yeux, comme on peut s'en convainvre par les gravures ci-après :

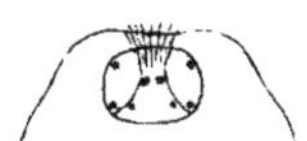

Mygale Avicularia Degeer (Cayenne).

Mygale Mexicana Bellevoye (Mexique).

Comme on le voit, le don de M. Vignotti enrichit notre Cabinet d'histoire naturelle d'espèces curieuses et très-probablement nouvelles pour la science, ainsi que de matériaux relatifs aux mœurs des cigales que tout le monde connait de nom, mais qui sont excessivement rares dans notre département [1] et que l'on confond avec notre grande espèce de sauterelle (*Locusta Viridissima* de l'ordre des Orthoptères) dont le mâle produit une stridulation en frottant les élytres l'une contre l'autre. Il existe à la base de ces slytres, une membrane traversée par des nervures très-saillantes et très-dures qui produisent un son très aigu. Il est probable que La Fontaine a appelé *Cigale* cette espèce de sauterelle, car toutes les figures qui ornent les anciennes éditions de notre fabuliste, représentent un Locustien et non la véritable cigale dont plusieurs espèces sont communes dans nos départements méridionaux. Le chant des cigales est connu dès la plus haute antiquité ; les Égyptiens et les Grecs en avaient fait un symbôle de la musique ; ces derniers représentaient la cigale posée sur l'instrument à cordes la cithare et l'appelaient Petit-Coq, d'où dérive

[1] A ma connaissance, un seul individu a été pris par M. le docteur Brainque, dans la vallée de Mance.

le nom de cigale. Virgile n'approuvait pas les Grecs et trouvait que ce qu'ils avaient appelé un chant n'était qu'un son rauque et désagréable, et je crois qu'il trouverait peu de contradicteurs de nos jours.

3° M. Wendeling, officier de marine, nous a rapporté deux espèces de Scorpion de la Nouvelle-Calédonie, que je crois inédites et dont je vais donner la description, ainsi que d'une grande espèce de Locustien, que mon collègue et ami G. Warion a bien voulu se charger de décrire et qui se rapporte au genre *Platyphyllum* Audinet Serville.

Je profite de la description de ces espèces pour donner ici la liste de celles que possède le Cabinet de Metz.

Espèces à 12 yeux; peignes garnis de 25 dents au moins.

ANDROCTONUS Hemp. et Ehren.

Funestus Hemp. — Lagouhat. — Don de M. Bellevoye.
Bicolor Hemp. — Algérie. — Don de M. Niepce.
Occitanus Amoreux. — Cette, Algérie. — Dons de Mrs F. de Saulcy et Bellevoye.
Quinquestriatus Savigny. — Egypte. — Don de M. F. de Saulcy.

Espèces à 8 yeux, une épine sous l'aiguillon.

ATREUS Koch.

Obscurus? Gervais. — Brésil et Guadeloupe. — Don de Mrs Vesco et Henriet.

Pruinosus Bellevoye. — Nouvelle-Calédonie. — Don de M. le capitaine Wendeling.

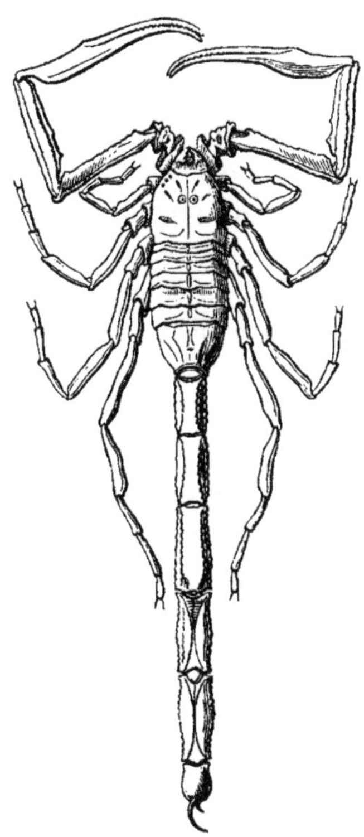

Longueur totale 0m,082, longueur de la queue 0m,056. Couleur générale d'un brun obscur avec un reflet qui ressemble à la pruinosité de certaines espèces de prunes. Mâchoires inférieures ou palpes très-allongées, ayant en dessus et en dessous plusieurs carènes finement dentelées ; deux dents plus prononcées au côté interne de l'avant-bras. Le bras et l'avant-bras presque de même longueur ; la main très-peu renflée, un tiers plus grande que ces derniers.

Queue deux fois plus longue que le cephalothorax et les sept articles de l'abdomen réunis ; le premier article caudal le plus petit, les deux suivants un peu plus grands et égaux entr'eux ; les deux derniers aussi égaux entr'eux et encore plus grands que les précédents.

Les quatre premiers articles ont deux carènes longitudinales à leur partie supérieure ; deux autres carènes très-rapprochées à la partie inférieure, et de chaque côté deux carènes latérales ; toutes ces carènes sont finement dentelées. Le cinquième article n'a pas de carènes supérieures, les inférieures existent ainsi que la carène latérale inférieure, mais elles sont très effacées ; ce cinquième article supporte la vésicule aiguillonnée ayant une épine sous l'aiguillon.

Les expansions dentées du ventre ou peignes sont brisées à leur naissance.

Espèces à 8 yeux, mains cordiformes.

BUTHUS Koch.

Afer Degéer. — Asie.

Espèces à 8 yeux, mains cordiformes, yeux médians très en arrière.

OPISTOPHTHALMUS Koch.

Palmatus Hemp. — Algérie. Don de M. Niepce.

Espèces à 6 yeux.

CHACTAS Koch.

BRUNNEUS Bellevoye. — Nouvelle-Calédonie. — Don du capitaine Wendeling.

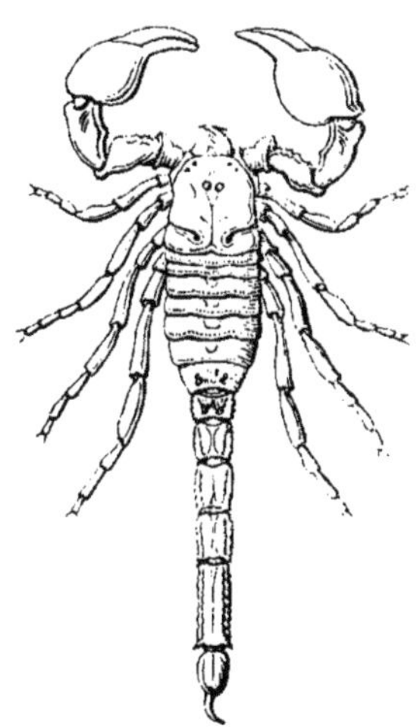

Longueur totale $0^m,055$, longueur de la queue $0^m,030$. Couleur générale roux cannelle passant au noir sur le céphalothorax et les palpes ; ces derniers cordiformes et granuleux ; les anneaux de l'abdomen sont aussi granuleux en dessus, mais le dessous est lisse. Les peignes ont neuf dents ou lames.

Les mâchoires supérieures sont garnies d'une touffe de longs poils jaunes.

La longueur des cinq articles de la queue non compris

la vésicule est égale au céphalothorax et à l'abdomen réunis.

Premier article caudal trapézoïde, plus large que long ; deuxième et troisième presque carrés et moins larges que le premier ; le quatrième plus long d'un tiers. Ces quatre articles portent des carènes très-fortes et crénelées ainsi que les bords latéraux ; l'intervalle des carènes est creusé profondément. Le cinquième article est le double plus long que large et sans carènes ; la moitié antérieure est creusée en s'amoindrissant vers la moitié postérieure qui est plane. La vésicule est allongée, applatie en dessus et creusée d'un sillon dans sa partie médiane, elle est renflée en dessous, sans épine sous l'aiguillon. Le dessous des cinq anneaux de la queue ont deux fortes carènes très-crénelées qui se prolongent sous la vésicule.

Cette espèce paraît être voisine du Chactas Maurus Degéer qui provient d'Amérique ; mais dont les carènes sont peu senties et qui possède dix lames aux peignes. (Paul Gervais, *Suites à Buffon* de l'*Encyclopédie Roret*).

Espèces à 6 yeux, queue grêle et faible.

SCORPIUS Hemp. Ehren.

Flavicaudus Degéer. — Hyères. — Don de M. F. de Saulcy.

Cette espèce se retrouve à Lyon ; il paraît même qu'elle a été rencontrée jusqu'à Fontainebleau.

DESCRIPTION

D'UNE

NOUVELLE ESPÈCE D'ORTHOPTÈRE

Par M. Gustave WARION.

PLATYPHYLLUM Aud.-Serv. GIGANTEUM Warion.

Cet énorme locustaire mesure $0^{m},085$ de long, non compris l'oviscapte qui a $0^{m},044$; il a $0^{m},23$ d'envergure.

Il doit être rapporté au genre *Platyphyllum* d'Audinet-Serville.

Cet insecte est d'un brun jaunâtre ; frais il pouvait être verdâtre.

La tête est lisse en devant, légèrement carénée sur les côtés, ayant le milieu blanchâtre. Entre les antennes, elle s'avance en un tubercule bilobé, en dessous duquel se trouve un autre tubercule, simple, beaucoup plus petit. De dessous l'insertion des antennes partent deux dents qui viennent en la contournant faire saillie de chaque côté du tubercule frontal. Labre, arrondi à sa partie inférieure qui est presque blanche ; sa partie supérieure est brunâtre, plus foncée que toutes les autres parties de la face. Mandibules lisses, à peines creusées en dessus, blanchâtres. Palpes testacés ; les maxillaires beaucoup plus longs que les labiaux, légèrement pubescents ; premier article court, cylindrique ; deuxième article un peu plus long et également cylindrique ; troisième article plus long que les deux premiers ensemble, élargi en devant ; quatrième article de la grandeur du deuxième, cylindrique et un peu plus étroit à sa base ; cinquième article très-long, un peu plus que le troisième, cylindrique, un peu recourbé, terminé brusquement, comme tronqué.

Les labiaux à premier article très-court, deuxième un peu élargi et troisième cylindrique.

Les yeux sont globuleux, assez saillants.

Les antennes ont le premier article très-gros, cylindrique ; les deuxième et troisième petits, un peu globuleux ; les autres encore plus petits, peu distincts. Elles sont médiocrement longues.

Le prothorax, un peu en dos d'âne, est plat postérieurement; il est arrondi et un peu avancé en devant, légèrement arrondi en arrière ; il est traversé par deux sillons bien marqués, et légèrement rebordé sur les côtés postérieurement ; sur ces mêmes côtés, les angles antérieurs sont très-aigus, terminés en une dent. Du deuxième sillon, partent deux petits sillons, dirigés en courbes vers les côtés, du milieu desquels partent deux autres petits sillons longitudinaux qui vont rejoindre le premier.

Mésothorax et métathorax ayant chacun un mamelon postérieurement.

Présternum ayant deux fortes épines ; mésosternum et métasternum échancrés dans le milieu postérieurement, où ils sont terminés de chaque côté par un angle aigu.

Abdomen épais, unicaréné en dessus, pulvérulent sur les deux tiers antérieurs de chaque segment ; le reste est lisse. Dessous avec de larges rugosités, présentant au milieu de chaque segment, une plaque convexe, ovale, brillante ; sur le septième segment, cette plaque est beaucoup plus large et coupée carrément postérieurement.

La dernière pièce ventrale est également brillante, canaliculée et se termine par deux pointes légèrement recourbées en dessus. La plaque terminale du dessus est triangulaire, dépasse un peu et recouvre les autres parties.

Les deux appendices sont épais, longs de $0^{m},012$ et pubescents.

L'oviscapte est droit, terminé en pointe.

Les cuisses antérieures sont fortement tuberculées en-dessus et lisses en dessous, sans épines ; les postérieures sont également tuberculées en dessus et présentent en dessous deux rangées de petites épines noires.

Les tibias antérieurs offrent en dessous deux rangées de petites épines noires ; à la base des deux antérieurs se trouvent deux ouvertures oblongues, presque contiguës, dont le fond est brun. Les postérieurs sont presque carrés, à quatre carènes, et ont deux rangées d'épines noires en dessus et deux en dessous, placées sur les carènes.

Les tarses sont noirâtres en dessous.

Les élytres sont larges et ovales, peu transparentes, luisantes et comme parcheminées, avec le bord postérieur plus coloré. Les deux premières nervures sont réunies jusque vers les deux tiers de leur longueur, et occupent presque le milieu de l'élytre. A l'angle interne, l'élytre se replie brusquement pour se relever en toit ; cette portion relevée est chagrinée et opaque. Les nervures transversales sont très-espacées.

Les ailes ont leur moitié antérieure transparente, à réseau large, surtout entre la première nervure, qui est double, et la troisième ; le reste de l'aile est enfumé et a une réticulation très-fine et peu visible.

Cette description est faite d'après un exemplaire femelle, rapporté de la Nouvelle-Calédonie, de l'île des Pins, par M. Wendeling, capitaine d'infanterie de marine, qui en a fait don au musée de la ville de Metz [1].

[1] Nous devons à l'obligeance de notre collègue et ami, M. Bellevoye, l'excellent dessin de cette espèce, qui figure ci-contre, grandeur naturelle.

Metz, Imp. J. Verronnais. 3.70

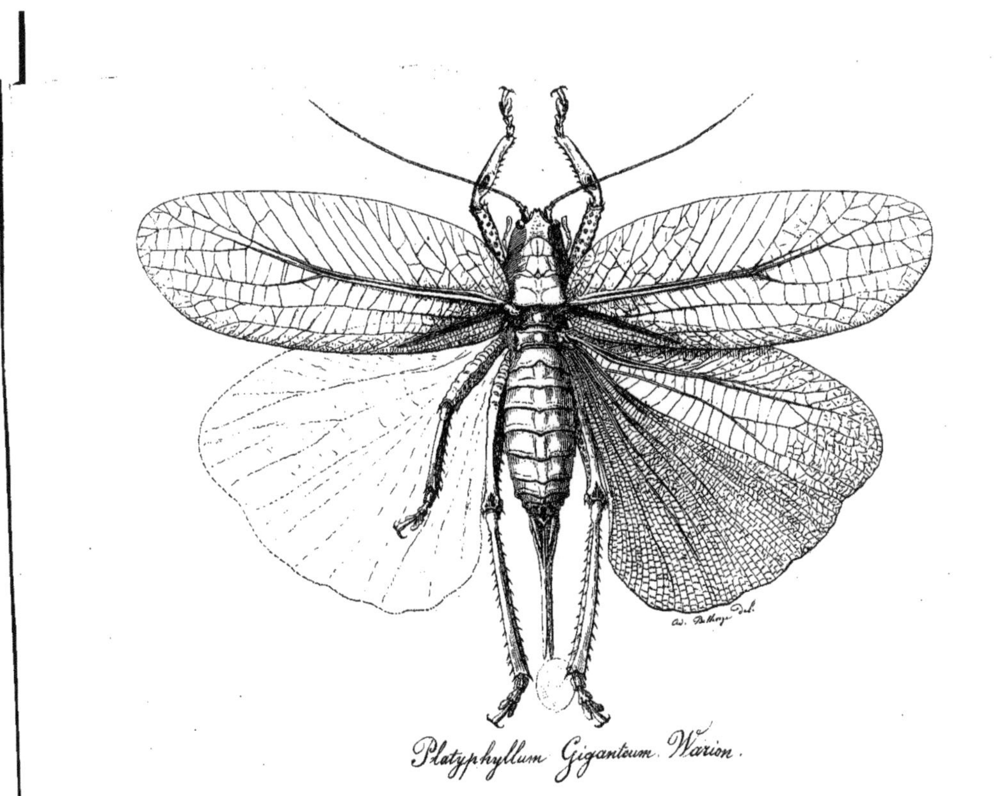

Platyphyllum Giganteum. Warion.

www.ingramcontent.com/pod-product-compliance
Ingram Content Group UK Ltd.
Pitfield, Milton Keynes, MK11 3LW, UK
UKHW021029260726
13994UKWH00005B/2044

9 782329 432106